커피 레시피

김지현 지음

My own Cafe,
Coffee Recipe

초보자도 따라하는 나만의 비밀 레시피
집에서 쉽게 만들어 보자. 카페 메뉴의 시크릿 레시피

KB072260

1. 모든 아이스메뉴는 14oz (410ml) 1잔 기준으로 한다.

2. 모든 핫메뉴는 10oz(300ml) 1잔 기준으로 한다.

3. 사용할 잔의 크기에 따라 음료레시피를 조절한다.

4. 에스프레소는 1샷은 30ml 기준으로 한다.

5. 원두는 매장에서 테스트 후, 본인의 취향에 맞는 것으로 선택해 구매한다.

6. 레시피가 안내되어 있지 않은 시럽과 파우더는 구매해서 사용한다.

Contents

▥ 일러두기_3

커피머신으로 에스프레소 추출하기_6

모카포트로 에스프레소 추출하기_8

카플라노 컴프레소로 에스프레소 추출하기_10

핸드드립으로 커피 추출하기_12

콜드브루 만들기_14

스팀우유와 생크림만들기_16

설탕시럽_18

바닐라시럽_20

딸기시럽_22

카라멜소스_24

초코소스_26

Basic menu

1) 에스프레소_30

2) 마끼아또_32

3) 콘파냐_34

4) 아이스 아메리카노_36

5) 콜드브루_38

6) 콜드브루 라떼_40

7) 콜드 폼 치노_42

8) 아이스 카페라떼_44

9) 플랫화이트_46

10) 카푸치노_48

11) 콜드브루 큐브라떼_50

12) 샤케라또_52

13) 아이스 카푸치노_54

14) 아포가토_56

15) 커피소다_58

16) 커피 레몬 콕_60

17) 크림치노_62

18) 아이스크림 라떼_64

Syrup & Powder

1) 아이스 바닐라라떼_68

2) 바닐라라떼_70

3) 헤이즐넛 카푸치노_72

4) 메이플 라떼_74

5) 아이스 연유라떼_76

6) 커피샤벳에이드_78

7) 꿀라떼_80

8) 아이스 아몬드아메리카노_82

9) 아이스 아몬드라떼_84

10) 츄러스치노_86

11) 오렌지 카푸치노_88

12) 커.코.넛 (커피코코넛스무디)_90

13) 그린티 샷라떼_92

14) 얼그레이 샷라떼_94

15) 아이스 미숫가루 샷라떼_96

16) 소금크림라떼_98

17) 믹스커피_100

18) 말차비엔나_102

19) 딸기비엔나_104

20) 딸기바닐라라떼_106

21) 말차딸기크림라떼_108

Syrup & Sauce

1) 아이스 카라멜마끼아또_112

2) 아이스 카페모카_114

3) 아이스 민트모카_116

4) 카라멜 팝콘 스무디_118

5) 초코렛 듬뿍라떼_120

6) 시나몬 초코라떼_122

7) 아이스 딸기모카_124

8) 아이스 블루모카_126

9) 쏠티카라멜라떼_128

10) 아몬드 모카치노_130

11) 마카롱 크림라떼_132

커피머신으로 에스프레소 추출하기

1. 그룹헤드에서 포터필터를 분리 후 열수를 뺀다.
2. 포터필터 물기를 린넨으로 닦아준다.
3. 그라인더에서 원두를 갈아 포터필터에 담는다.
4. 물기가 묻지 않은 손으로 원두를 정리한다.
5. 탬퍼로 수평을 맞추면서 탬핑한다.
6. 포터필터 주변 커피가루를 털어준다.
7. 그룹헤드에 포터필터를 장착한다.
8. 30ml의 에스프레소를 추출한다.
9. 추출을 마친 포터필터를 그룹헤드에서 분리한다.
10. 넉박스에 커피찌꺼기를 털어낸다.
11. 그룹헤드에 장착 전 열수로 포터필터에 묻어있는 커피찌꺼기를 털어낸 후 ,장착한다

모카포트로 에스프레소 추출하기

컨테이너

바스켓

보일러

상단 가스켓

필터

1. 분리된 보일러에 압력 밸브 바로 아래까지 정수물을 채운다

2. 에스프레소용 커피와 같은 크기로 분쇄된 커피를 바스켓에 채우고 스쿱으로 압력을 가한다.

3. 바스켓을 보일러에 장착한다.

4. 컨테이너와 보일러를 결합한다. (꽉 돌려 닫아야 새어나오지 않는다.)

5. 가스레인지에서 약불로 맞춘 후 뚜껑을 열고 끓인다.

6. 끓는 소리가 나면서 에스프레소가 추출된다.

7. 예열된 잔에 추출된 에스프레소를 따른다.

카플라노 컴프레소로 에스프레소 추출하기

피스톤 세트

챔버

바스켓

컵

스쿱

샤워스크린

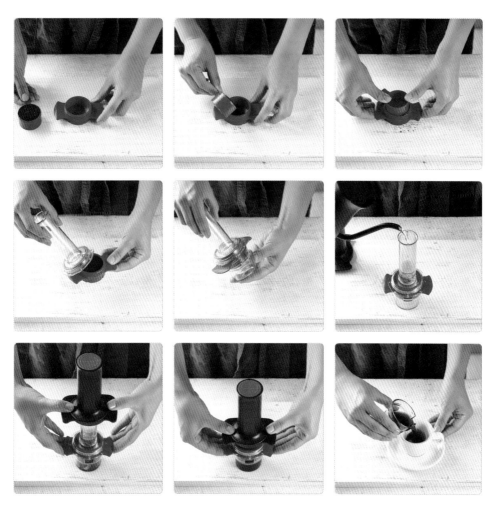

1. 원두를 에스프레소용 커피보다 얇게 분쇄한다.
2. 바스켓에 원두를 채운다.
3. 스쿱으로 압력을 가해 탬핑한다.
4. 챔버 하단에 샤워스크린을 끼운 뒤, 바스켓과 결합한다.
5. 챔버를 끼운 바스켓을 컵에 장착한다.
6. 챔버에 뜨거운 물 50㎖를 따라준다.
7. 피스톤 세트를 챔버에 끼우고 천천히 압력을 가해 추출한다.
8. 예열된 잔에 추출된 에스프레소를 따른다.

핸드드립으로 커피 추출하기

서버

여과지

드리퍼

1. 원두 20g을 분쇄하여 준비한다.
2. 드리퍼에 여과지를 끼우고 서버에 올린 후, 뜨거운 물을 부어 여과지와 드리퍼, 서버를 데운다.
3. 서버에 담긴 물을 버리고, 여과지에 분쇄한 원두를 넣는다.
4. 원두를 평평하게 만든 후, 중심에서 시계방향으로 원을 점점 크게 그리며 뜨거운 물을 물줄기를 얇게 해
   서붓는다.
5. 원두가 부풀어 오르면 30초간 뜸들인다.
6. 2차 추출부터는 물줄기를 굵게 중심에서 시계방향으로 원을 점점 크게 그리며 뜨거운 물을 붓는다.
7. 3차 추출 된 200ml의 커피를 예열된 잔에 따른다.

콜드브루 만들기

|||| 원두가루 30g , 정수물 300ml, 여과지, 얼음 한 컵

1. 열탕 소독된 용기에 분쇄된 원두 가루와 차가운 물을 담아준다.

2. 저어서 냉장고에 12~18시간동안 우려준다.

3. 여과지를 이용해 원두가루를 걸러낸다.

Tip

원두 굵기는 핸드드립용 굵기로 굵게 갈아주고, 원두와 물의 비율은 1 :10 으로, 진하게
마시고 싶은 경우 3 : 7 로 한다.

스팀우유와 생크림 만들기

피처

이중망 거품기

전동 거품기

1) 전동거품기

– 스팀우유

1. 컵에 우유를 넣고 전자레인지에서 1분30초간 돌린다.

2. 피처에 우유를 담고 전동거품기로 거품을 낸다.

– 생크림

1. 컵에 생크림100ml과 설탕10g을 넣고 전동거품기로 휘핑한다.

2) 이중망 거품기

1. 컵에 우유를 따른 후 전자레인지에서 1분 30초간 데운다.

2. 데운 우유를 거품기에 담고 바닥면부터 우유가 차있는 부분까지 20~30초간 빠르게 펌핑한다.

3. 이중망을 분리하면서 위에 거친 거품들을 걷어낸다.

설탕시럽

||||| 설탕 300ml, 뜨거운 물 300ml

1. 설탕과 뜨거운 물 비율은 1: 1
2. 용기에 설탕 300ml와 뜨거운 물 300ml를 붓고 저어준다.
3. 설탕이 다 녹으면 식힌 후 열탕 소독 된 용기에 넣어 냉장보관한다.

Tip

상온 보관도 가능하지만 , 곰팡이가 생길 우려가 있으므로 냉장보관한다.

바닐라시럽

바닐라빈 3개, 설탕 400ml, 물 600ml

1. 바닐라빈을 반 갈라 칼등으로 긁어 준비한다.
2. 냄비에 물을 넣고 긁어놓은 바닐라빈과 껍질을 함께 넣어 끓인다.
3. 끓어오르면 설탕을 넣고 저어가며 끓인다.
4. 한김 식힌 후 열탕 소독한 용기에 껍질과 함께 병입한 후, 냉장고에서 3일 숙성한다.

딸기시럽

▥ 냉동딸기 14개, 설탕시럽 300ml

1. 용기에 냉동딸기를 담아준다.
2. 설탕시럽을 넣고 뚜껑을 닫아 상온에서 4시간 보관한다.
3. 포크로 딸기를 으깨준다.
4. 열탕 소독한 용기에 담아준다.

Tip

설탕시럽은 냉장보관해둔 설탕시럽을 넣어준다.
뜨거운 설탕시럽을 넣을 시 , 딸기가 잘 으깨지지 않는다.

카라멜소스

카라멜소스 (1)

▥ 황설탕 200ml, 물 50ml, 소금 1티스푼, 생크림 200ml

1. 냄비에 황설탕과 소금을 넣는다.
2. 물을 넣고 가장자리가 카라멜색으로 변할 때까지 끓인다.
3. 중탕한 생크림을 넣고 저어가며 5분간 끓인다.
4. 전체적으로 끓어오르면 불을 끄고 식힌다.
5. 열탕 소독한 용기에 담아 냉장보관한다.

간편한 카라멜소스 (2)

▥ 밀크카라멜 8개, 뜨거운 물 20ml

1. 전자레인지 용기에 밀크카라멜 8개를 담아준다.
2. 뜨거운 물 20ml넣고 전자레인지에서 1분간 데워준다.
3. 스푼으로 저어준 후 , 음료에 넣는다.

초코소스

▓▓ 다크초콜릿 100g 카카오파우더 80g, 설탕 180g ,우유 250g

1. 냄비에 우유를 붓고 끓인다.
2. 약한 불에서 다크초콜릿을 넣고 저어가며 녹인다.
3. 불을 끄고 카카오파우더와 설탕을 넣고 섞어준다.
4. 재료가 다 녹으면 다시 한번 끓여준다.
5. 불을 끄고 완전히 식힌 후 , 거품기로 빠르게 섞는다.
6. 열탕 소독한 용기에 담아 냉장보관한다.

Tip
우유 대신 생크림을 넣으면 더 진한 초코소스를 즐길 수 있다.

Basic menu

에스프레소 / 마끼아또 / 콘파냐 / 아이스 아메리카노
콜드브루 / 콜드브루 라떼 / 콜드 폼 치노 / 아이스 카페라떼
플랫화이트 / 카푸치노 / 콜드브루 큐브라떼 / 샤케라또
아이스 카푸치노 / 아포가토 / 커피소다 / 커피 레몬 콕
크림치노 / 아이스크림 라떼

1) 에스프레소

IIIII 에스프레소 1샷

1. 잔에 뜨거운 물을 부어 따뜻하게 예열 한다.
2. 추출도구로 에스프레소를 추출한다.
3. 따뜻하게 데워진 잔에 에스프레소를 따른다.

Tip

설탕 한 스푼을 넣고 설탕이 가라 앉은 후, 마셔보자.
첫 맛은 쓰고 끝 맛은 달콤한 에스프레소의 매력에 빠질 수 있다.

2) 마끼아또

▥ 에스프레소 1샷, 스팀밀크 25ml, 우유거품 15ml

1. 잔에 뜨거운 물을 부어 따뜻하게 예열한다.
2. 추출도구로 에스프레소를 추출한 후 잔에 담는다.
3. 스팀밀크를 중앙에 천천히 따르고, 우유거품을 올려준다.

Tip

마끼아또는 이태리어로 점을 찍다. 라는 뜻으로 에스프레소에 우유거품으로 점을 찍는다.
설탕 한 스푼을 넣고, 젓지 말고 그대로 마셔보자.
에스프레소를 부드럽게 즐길 수 있다.
아 ! 매장에서 주문 시 , 꼭 에스프레소 마끼아또라고 주문해야 한다.
마끼아또라고 주문 시 , 캬라멜마끼아또가 나올 수도 있다.

3) 콘파냐

〰 에스프레소 1샷, 생크림 30ml, 설탕 3g

1. 생크림과 설탕을 휘핑한다.
2. 따뜻하게 예열 된 잔에 에스프레소를 추출한다.
3. 휘핑한 생크림을 에스프레소 위에 올린다.

Tip

생크림이 녹기 전에 에스프레소와 함께 떠서 먹는게 좋다.
차갑고 부드러운 생크림과 따뜻한 에스프레소의 조화를 느껴보자.

4) 아이스 아메리카노

| 에스프레소 2샷, 정수물 125ml, 얼음 한 컵

1. 잔에 얼음 한컵을 가득 담는다.
2. 잔에 정수물을 부어준다.
3. 추출도구로 에스프레소를 추출하여 잔에 부어준다.

Tip

얼음을 가득 넣어서 마셔보자.
아이스아메리카노를 더 시원하고 진하게 마실 수 있는 팁 중에 팁이다.

5) 콜드브루

░ 콜드브루원액, 얼음 한컵

1. 잔에 얼음을 담는다.
2. 콜드브루 원액을 부어준다.

6) 콜드브루라떼

〃〃〃 콜드브루 원액 150ml, 우유 100ml, 얼음 반컵

1. 잔에 얼음을 담는다.
2. 콜드브루 원액을 담고 우유로 채운다.

7) 콜드폼치노

〰 콜드브루원액 150ml, 생크림 100ml, 설탕 10g, 얼음 반컵

1. 잔에 얼음을 담는다.
2. 콜드브루 원액을 담는다.
3. 생크림과 설탕을 휘핑해 천천히 붓는다.

8) 아이스 카페라떼

Coffee recipes 커피레시피

〰️ 에스프레소 2샷, 우유 150ml, 얼음 반 컵

1. 잔에 얼음을 담는다.
2. 얼음 위에 우유를 붓는다.
3. 추출한 에스프레소를 따라준다.

9) 플랫화이트

Coffee recipes 커피레시피

||||| 에스프레소 2샷, 스팀밀크 120ml

1. 예열된 잔에 에스프레소를 따라준다.
2. 스팀밀크를 천천히 붓는다.
3. 우유거품을 얇게 올린다.

Tip

플랫화이트는 6oz(180ml) 작은 컵을 사용하여 진한 맛을 느낄 수 있는 따뜻한 메뉴.

10) 카푸치노

Coffee recipes 커피레시피

▥ 에스프레소 1샷, 스팀우유 150ml, 우유거품, 시나몬파우더 1g

1. 예열된 잔에 추출된 에스프레소를 따른다.
2. 스팀우유를 붓고 우유거품을 가득 올린다.
3. 시나몬파우더를 올려준다.

11) 콜드브루 큐브라떼

▏▎▎ 콜드브루 얼음 8개, 우유 180ml

1. 얼음몰드에 콜드브루를 넣고 얼린다.
2. 잔에 콜드브루 얼음을 넣어준다.
3. 우유를 부어준다.

12) 샤케라또

〰 에스프레소 2샷, 정수물 150ml, 얼음 반컵

1. 블랜더에 정수물과 얼음을 넣고 블랜딩한다.
2. 에스프레소를 넣고 3초간 블랜딩한다.
3. 거름망으로 거르면서 잔에 따른다.

Tip

바닐라시럽을 넣을 시 달콤한
샤케라또를 즐길 수 있다.

13) 아이스 카푸치노

⫘ 에스프레소 2샷, 우유 125ml, 시나몬파우더 1g, 우유거품 ,얼음 반컵

1. 잔에 얼음을 담는다.

2. 우유를 붓는다.

3. 추출한 에스프레소를 따라준다.

4. 우유거품을 가득 올려준다.

5. 시나몬 파우더를 올려준다.

14) 아포가토

〰〰 에스프레소 2샷, 바닐라아이스크림 2스쿱, 원두가루 1g

1. 잔에 얼음을 넣고 칠링한다.
2. 바닐라아이스크림 2스쿱을 담는다.
3. 원두가루를 올려준다.
4. 먹기 직전 에스프레소를 따라준다.

15) 커피소다

〰 에스프레소 2샷, 탄산수 150ml, 얼음 반컵

1. 잔에 얼음을 담는다.
2. 탄산수를 부어준다.
3. 추출한 에스프레소를 따라준다.
4. 애플민트를 올려준다.

Tip
허브는 개인의 취향에 맞는 허브로 올린다.

16) 커피레몬콕

에스프레소 2샷, 콜라 100ml, 레몬 , 얼음 반컵

1. 레몬반개를 스퀴시한다.
2. 잔에 얼음을 담고 스퀴시한 레몬즙을 부어준다.
3. 콜라를 부어준다.
4. 추출한 에스프레소를 따라준다.

Tip

당도를 높이고 싶다면 설탕시럽을 넣어주자.

17) 크림치노

에스프레소 2샷, 우유 125ml, 생크림 100ml, 설탕 10ml, 시나몬파우더 1g, 얼음 반컵

1. 잔에 얼음을 담는다.
2. 우유를 붓고 추출한 에스프레소를 따라준다.
3. 생크림과 설탕을 휘핑해 올려준다.
4. 시나몬 파우더를 올려준다.

Tip

생크림을 단단하게 휘핑하여 아이스크림 스쿱으로 떠준다.

18) 아이스크림라떼

⫸ 에스프레소 2샷, 우유 125ml, 바닐라아이스크림 2스쿱, 원두가루, 얼음 반컵

1. 잔에 얼음을 담는다.
2. 우유를 붓고 추출한 에스프레소를 따라준다.
3. 바닐라아이스크림을 얹어준다.
4. 원두가루를 올려준다.

Syrup & powder

아이스 바닐라라떼 / 바닐라라떼 / 헤이즐넛 카푸치노 / 메이플 라떼

아이스 연유라떼 / 커피샤벳에이드 / 꿀라떼 / 아이스 아몬드아메리카노

아이스 아몬드라떼 / 츄러스치노 / 오렌지 카푸치노 / 커.코.넛(커피코코넛스무디)

그린티 샷라떼 / 얼그레이 샷라떼 / 아이스 미숫가루 샷라떼 / 소금크림라떼

믹스커피 / 말차비엔나 / 딸기비엔나 / 딸기바닐라라떼 / 말차딸기크림라떼

1) 아이스 바닐라라떼

〰 에스프레소 2샷, 바닐라시럽 30ml, 우유 125ml, 얼음 반컵

1. 잔에 얼음을 담는다.
2. 바닐라시럽과 우유를 부어준다.
3. 추출된 에스프레소를 따라준다.

2) 바닐라라떼

▥ 에스프레소 1샷, 바닐라시럽 20ml, 스팀우유 220ml,

1. 예열된 잔에 바닐라시럽을 부어준다.

2. 스팀우유를 부어준다.

3. 추출된 에스프레소를 따라준다.

3) 헤이즐넛카푸치노

▥ 에스프레소 1샷, 헤이즐넛시럽 20ml, 스팀우유 150ml, 우유거품

1. 예열된 잔에 헤이즐넛시럽을 부어준다.
2. 추출된 에스프레소를 따라준다.
3. 스팀우유를 부어준다.
4. 우유거품을 가득 부어준다.

4) 메이플라떼

▥ 에스프레소 1샷, 메이플시럽 20ml, 스팀우유 220ml

1. 예열된 잔에 메이플시럽을 부어준다.
2. 추출된 에스프레소를 따라준다.
3. 스팀우유를 부어준다.

5) 연유라떼

〰 에스프레소 2샷, 연유 30ml, 우유 150ml, 얼음 반컵

1. 잔에 얼음을 담는다.
2. 연유를 부어준다.
3. 우유를 붓고 추출된 에스프레소를 따라준다.

6) 커피샤벳에이드

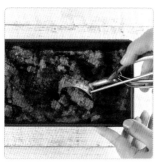  

▦ 에스프레소 3샷, 메이플시럽 150ml, 정수물 400ml,
 탄산수 150ml, 얼음 한컵

1. 메이플시럽과 정수물, 샷3개를 넣고 저어준다.
2. 냉동실에서 5시간 정도 얼린다.
3. 잔에 얼음을 담는다.
4. 탄산수를 부어준다.
5. 커피샤벳을 포크로 긁어준 후 스쿱으로 떠서 올린다.

7) 꿀라떼

〰〰 에스프레소 1샷, 꿀 30ml, 스팀우유 220ml

1. 잔에 꿀을 담는다.
2. 스팀우유를 부어준다.
3. 추출된 에스프레소를 따라준다.

8) 아이스 아몬드아메리카노

IIII 에스프레소 2샷, 아몬드시럽 20ml, 설탕시럽 10ml, 정수물 150ml, 얼음가득

1. 잔에 얼음을 가득 담는다.

2. 아몬드시럽과 설탕시럽을 붓는다.

3. 정수물을 부어준다.

4. 추출된 에스프레소를 따라준다.

9) 아이스 아몬드라떼

〰 에스프레소 2샷, 아몬드시럽 20ml, 설탕시럽 10ml, 우유 150 ml, 얼음가득

1. 잔에 얼음을 담는다.
2. 아몬드시럽과 설탕시럽을 붓는다.
3. 우유를 부어준다.
4. 추출된 에스프레소를 따라준다.

10) 츄러스치노

▥ 에스프레소1샷, 설탕 30g, 시나몬파우더 1g, 스팀우유 150ml, 우유거품

1. 예열된 잔에 시나몬파우더와 설탕을 담아준다.

2. 스팀우유를 붓고 저어준다.

3. 추출된 에스프레소를 따른다.

4. 우유거품을 가득 올려준다.

5. 시나몬파우더와 설탕을 올려준다.

11) 오렌지카푸치노

▦ 에스프레소 1샷, 오렌지 반개, 설탕시럽 20㎖, 스팀우유150㎖, 우유거품

1. 예열된 잔에 오렌지 반개를 짜서 담는다.
2. 설탕시럽을 붓는다.
3. 추출된에스프레소를 따라준다.
4. 스팀우유를 부어준 후, 우유거품을 가득 올려준다.
5. 오렌지 슬라이스를 올려준다.

12) 커.코.넛(커피코코넛스무디)

〰 에스프레소 2샷, 코코넛파우더 50g , 우유 120g, 얼음한컵

1. 블랜더에 우유와 코코넛파우더, 얼음을 넣고 블랜딩한다.

2. 잔에 블랜딩한 음료를 담는다.

3. 추출된 에스프레소를 따라준다.

13) 그린티 샷라떼

〰 에스프레소 1샷, 녹차파우더 25g, 스팀우유 220ml

1. 예열된 잔에 녹차파우더를 담아준다.

2. 스팀우유를 붓고 저어준다.

3. 추출된 에스프레소를 따라준다.

4. 녹차파우더를 올려준다.

14) 얼그레이 샷라떼

⫚ 얼그레이 3g, 에스프레소 1샷, 설탕시럽 10ml, 스팀우유 220ml

1. 얼그레이 홍차를 뜨거운 물에 3분간 우려준다.

2. 예열된 잔에 우려낸 홍차와 설탕시럽을 담아준다.

3. 스팀우유를 붓는다.

4. 추출된 에스프레소를 따라준다.

15) 아이스 미숫가루 샷라떼

에스프레소 1샷, 미숫가루 30g, 설탕시럽 30ml, 물 50ml,
우유 100ml, 얼음 반컵

1. 잔에 미숫가루와 물, 우유를 넣고 거품기로 저어준다.
2. 설탕시럽을 넣고 얼음을 담아준다.
3. 추출된 에스프레소를 따라준다.

16) 소금크림라떼

▓ 에스프레소 2샷, 생크림 100ml, 설탕 10g, 소금 1g, 우유 150ml, 얼음 반컵

1. 잔에 얼음을 담는다.
2. 우유를 붓고 , 추출된 에스프레소를 따라준다.
3. 생크림과 설탕, 소금을 휘핑한 후, 부어준다.

17) 믹스커피

〰 에스프레소 2샷, 바닐라시럽 15ml, 정수물 100ml, 우유 50ml, 얼음 반컵

1. 잔에 얼음을 담는다
2. 바닐라시럽을 붓는다.
3. 정수물과 우유를 부어준다.
4. 추출된 에스프레소를 따라준다.

18) 말차비엔나

〰 에스프레소 2샷, 말차파우더 5g, 설탕시럽 10ml, 생크림 50ml, 물 150ml, 얼음 반컵

1. 잔에 얼음을 담는다.
2. 물을 붓고, 추출된 에스프레소를 따른다.
3. 생크림에 말차가루와 설탕시럽을 넣고 휘핑한 후, 부어준다.
4. 말차가루를 올려준다.

19) 딸기비엔나

〰 에스프레소 2샷, 딸기시럽 15ml, 생크림 50ml, 물 150ml,얼음 반컵

1. 잔에 얼음을 담는다.

2. 물을 붓고, 추출된 에스프레소를 따른다.

3. 생크림에 딸기시럽을 넣고 휘핑한 후, 부어준다.

20) 딸기바닐라라떼

▥ 에스프레소 2샷, 딸기시럽 20ml, 바닐라시럽 10ml, 우유 150ml, 얼음 반컵

1. 잔에 얼음을 담는다.

2. 딸기시럽과 바닐라시럽을 담고 우유를 부어준다.

3. 추출된 에스프레소를 따른다.

21) 말차딸기크림라떼

||||| 에스프레소 2샷, 딸기시럽 25ml, 말차파우더 5g, 설탕시럽 10ml, 생크림 50ml, 우유 150ml, 얼음 반컵

1. 잔에 얼음을 담는다.
2. 말차파우더와 설탕시럽을 뜨거운물에 녹인 후 부어준다.
3. 우유를 붓는다.
4. 추출된 에스프레소를 따라준다.
5. 딸기시럽과 생크림을 휘핑한 후 부어준다.

Syrup & sauce

아이스 카라멜마끼아또 / 아이스 카페모카 / 아이스 민트모카

카라멜 팝콘 스무디 / 초코렛 듬뿍라떼 / 시나몬 초코라떼

아이스 딸기모카 / 아이스 블루모카 / 쏠티카라멜라떼

아몬드 모카치노 / 마카롱 크림라떼

1) 아이스 캬라멜마끼아또

〰 에스프레소 2샷, 카라멜소스 15ml, 바닐라시럽 20ml, 우유 150ml, 우유거품, 얼음 반컵

1. 잔에 카라멜소스와 바닐라시럽을 부어준다.

2. 우유를 붓고, 저어준다.

3. 얼음을 넣고 우유거품을 올려준다.

4. 추출된 에스프레소를 천천히 따른 후, 카라멜소스를 드리즐한다.

2) 아이스 카페모카

Coffee recipes 커피레시피

에스프레소 2샷, 초코소스 20㎖, 바닐라시럽 10㎖,
우유150㎖, 얼음 반컵

1. 잔에 초코소스와 바닐라시럽을 부어준다.
2. 추출된 에스프레소를 넣고 저어준다.
3. 얼음을 담는다.
4. 우유를 부어준다.
5. 생크림을 휘핑한 후, 올려준다.
6. 초코소스를 드리즐한다.

3) 아이스 민트모카

||||| 에스프레소 2샷, 초코소스 15ml, 민트시럽 20ml, 우유 150ml, 얼음 반컵

1. 잔에 초코소스를 부어준다.
2. 얼음을 담고 우유를 따라준다.
3. 민트시럽을 부어준다.
4. 추출된 에스프레소를 따라준다.

4) 카라멜팝콘스무디

에스프레소 2샷, 카라멜소스 30ml, 바닐라시럽 10ml,
우유 100ml ,생크림 100ml, 설탕 10g, 카라멜팝콘 10개,

1. 블랜더에 우유를 붓는다.
2. 카라멜소스와 바닐라시럽을 넣는다.
3. 추출된 에스프레소를 따라준다.
4. 얼음을 넣고 블랜딩한다.
5. 잔에 블랜딩 된 음료를 담고 생크림과 설탕을 휘핑한 후 올린다.
6. 카라멜팝콘을 올리고 카라멜소스를 드리즐한다.

5) 초콜렛듬뿍라떼

░░░ 에스프레소 1샷, 초코소스 20ml, 스팀우유 200ml, 다크초콜릿

1. 예열된 잔에 초코소스와 스팀우유를 붓고 저어준다.

2. 추출된 에스프레소를 따라준다.

3. 우유거품을 올려준다.

4. 다크초콜릿을 칼로 썰어서 가득 얹어준다.

6) 시나몬초코라떼

▓ 에스프레소 1샷, 초코소스 15ml, 시나몬파우더 1g,
스팀우유220ml

1. 예열된 잔에 초코소스와 시나몬파우더를 담는다.
2. 스팀우유를 붓고 저어준다.
3. 추출된 에스프레소를 따라준다.
4. 우유거품을 얇게 올려준 뒤 초코소스를 드리즐한다.
5. 시나몬파우더를 뿌려준다.

7) 아이스 딸기모카

〰 에스프레소 2샷, 딸기시럽 20ml, 초코소스 15ml, 우유 150ml, 얼음 반컵

1. 잔에 초코소스와 딸기시럽을 담는다.

2. 얼음을 넣고 우유를 부어준다.

3. 추출 된 에스프레소를 따른다.

8) 아이스 블루모카

▥ 에스프레소 2샷, 블루큐라소시럽 10㎖, 초코소스 20㎖, 우유 150㎖, 얼음 반컵

1. 잔에 초코소스를 담는다.
2. 얼음을 담는다.
3. 우유를 부어준다.
4. 블루큐라소 시럽을 붓는다.
5. 추출 된 에스프레소를 따른다.

9) 쏠티카라멜라떼

〰 에스프레소 1샷, 캬라멜소스 20㎖, 소금 1g ,스팀우유 220㎖

1. 예열된 잔에 카라멜소스와 소금을 담는다.

2. 스팀우유를 붓고 저어준다.

3. 우유거품을 올리고 추출 된 에스프레소를 따라준다.

4. 카라멜소스를 드리즐 후, 소금을 뿌려준다.

10) 아몬드모카치노

〰 에스프레소 1샷, 초코소스 15ml, 아몬드시럽 10ml,
초코파우더 1g, 스팀우유 150ml, 우유거품

1. 잔에 초코소스와 아몬드시럽을 담는다.
2. 스팀우유를 부어준 후 저어준다.
3. 우유거품을 가득올린다.
4. 추출 한 에스프레소를 따라준다.
5. 초코파우더를 뿌린다.

11) 마카롱크림라떼

▦ 에스프레소 2샷, 마카롱 3개, 설탕시럽 10g ,블루큐라소시럽 10g, 생크림 100ml, 우유 150ml,
얼음 반컵

1. 잔에 마카롱을 조각내어 넣는다.
2. 설탕시럽과 얼음을 담는다.
3. 우유를 부어준다.
4. 추출된 에스프레소를 따라준다.
5. 생크림과 블루큐라소시럽을 휘핑해 올려준다.
6. 마카롱을 조각내어 올린다.

커피 레시피

초판 인쇄 2024년 7월 07일
초판 발행 2024년 7월 15일

지은이 김지현
펴낸이 김태헌
펴낸곳 요리에 반하다
사진 SALT PLATE

주소 경기도 고양시 일산서구 대산로 53
출판등록 2021년 3월 11일 제2021-000062호
전화 031-911-3416
팩스 031-911-3417